农业生态文明建设科普连环画丛书

秸秆综合利用技术手册

石祖梁　王飞　主编

中国农业出版社

目　录

一、秸秆基本知识

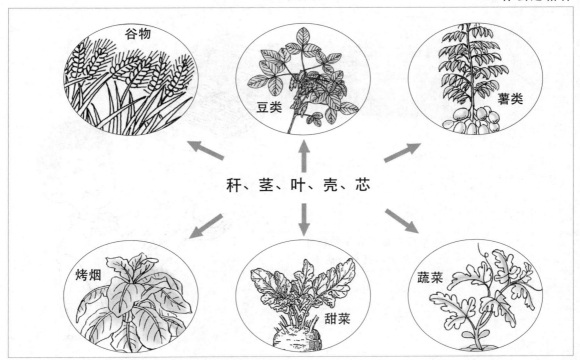

秸秆是指除了农作物主产品之外的副产品，包括：谷物、豆类、薯类、棉花、油料、麻类等农作物的秆、茎、叶、壳、芯，烟秆和残弃烟叶，甘蔗的叶、梢，甜菜的茎、叶，糖料作物加工的残渣，蔬菜藤蔓及其残余物，药材收获后的剩余物等。不包括麦麸、饼粕等农副产品，也不包括农作物的根部。

2. 秸秆的主要成分

秸秆中含有大量的粗纤维、木质素以及部分营养元素

秸秆中粗纤维含量高，一般为31%～45%，其中有不少木质素；蛋白质含量少，一般为3%～6%；粗灰分含量很高，但其中大量是硅酸盐。

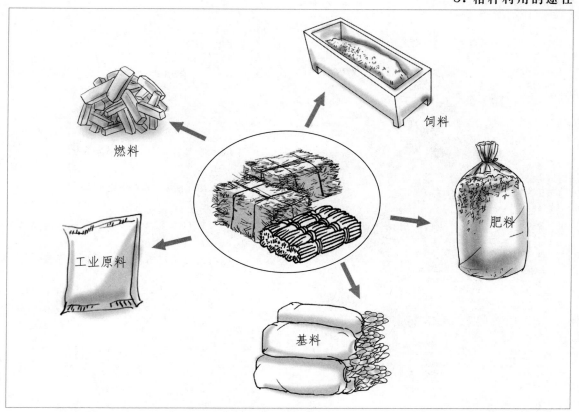

燃料

饲料

工业原料

肥料

基料

　　秸秆主要有五个方面的用途：一作肥料，二作饲料，三作工业原料，四作燃料，五作基料，简称"五料化"利用。

4. 焚烧秸秆的危害

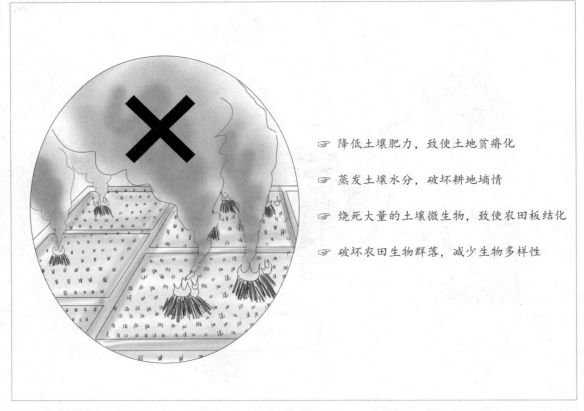

☞ 降低土壤肥力，致使土地贫瘠化

☞ 蒸发土壤水分，破坏耕地墒情

☞ 烧死大量的土壤微生物，致使农田板结化

☞ 破坏农田生物群落，减少生物多样性

　　焚烧秸秆严重污染大气环境，干扰市民的日常生活，增加交通事故发生率，可能造成森林火灾等灾害，还会对农田生态系统造成严重危害。

二、秸秆肥料化利用

1.水稻—小麦（油菜）轮作秸秆旋耕还田技术

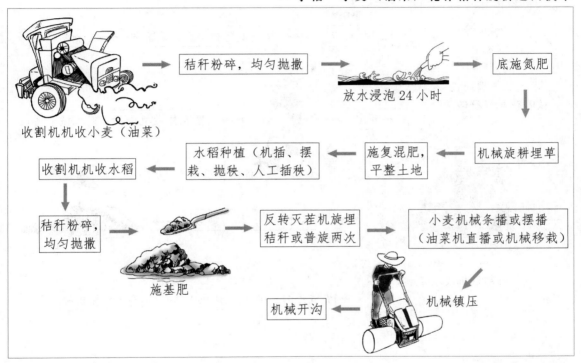

此项技术适宜于长江中下游一年两熟制的水稻—小麦轮作区、水稻—油菜轮作区，如江苏、安徽、湖北、四川、浙江、江西等部分地区。

2. 玉米—小麦轮作秸秆旋耕还田技术

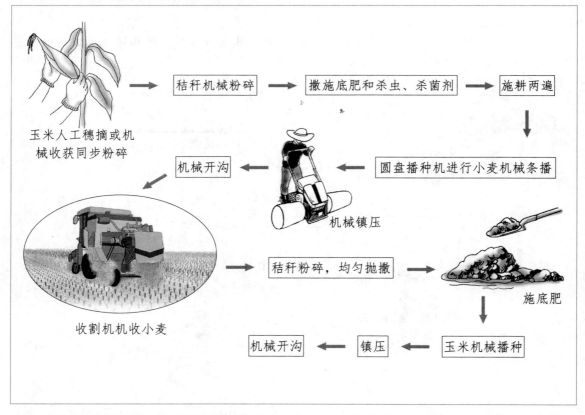

此项技术适宜于华北平原一年两熟制的小麦—玉米轮作区，如河南、河北、山东、山西等部分地区。

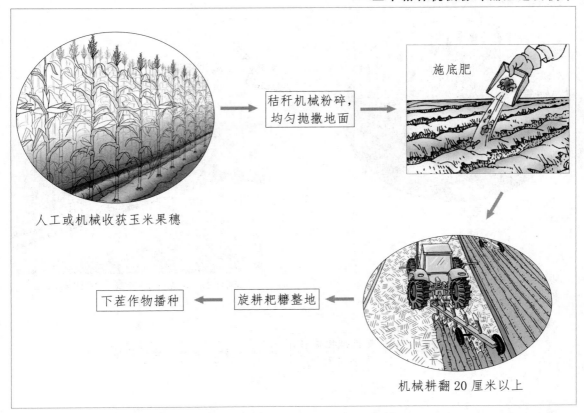

人工或机械收获玉米果穗

秸秆机械粉碎，均匀抛撒地面

施底肥

机械耕翻20厘米以上

旋耕耙耱整地

下茬作物播种

东北农区（主要包括辽宁、吉林、黑龙江及内蒙古部分地区，种植制度多为一年一熟制）、华北农区（主要包括北京、天津、河北、河南、山东、山西及内蒙古小麦、玉米一年两熟制以及山西、内蒙古、河北的部分一年一熟制地区）适宜采用玉米秸秆机械粉碎翻压还田技术。

4.玉米秸秆整株机械翻压还田技术

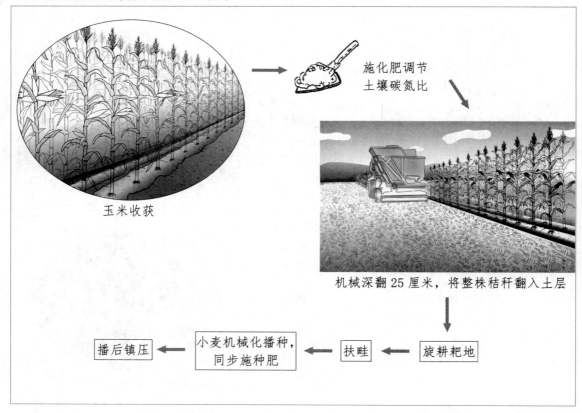

玉米收获

施化肥调节土壤碳氮比

机械深翻25厘米，将整株秸秆翻入土层

旋耕耙地 ← 扶畦 ← 小麦机械化播种，同步施种肥 ← 播后镇压

　　华北农区（主要包括北京、天津、河北、河南、山东、山西及内蒙古小麦、玉米一年两熟制以及山西、内蒙古、河北的部分一年一熟制地区）适宜采用玉米秸秆整株机械翻压还田技术。

5.水稻、小麦、油菜秸秆机械翻压还田技术

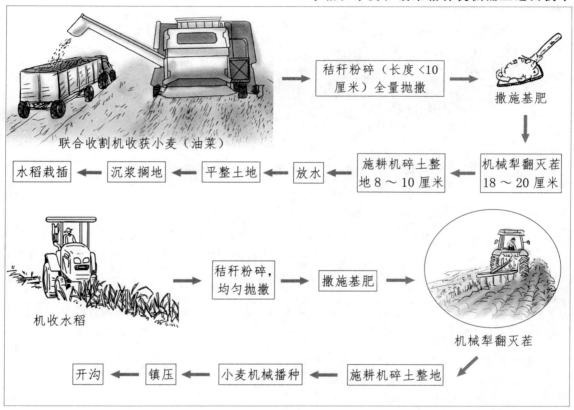

联合收割机收获小麦（油菜） → 秸秆粉碎（长度<10厘米）全量抛撒 → 撒施基肥 → 机械犁翻灭茬18～20厘米 → 施耕机碎土整地8～10厘米 → 放水 → 平整土地 → 沉浆搁地 → 水稻栽插

机收水稻 → 秸秆粉碎，均匀抛撒 → 撒施基肥 → 机械犁翻灭茬 → 施耕机碎土整地 → 小麦机械播种 → 镇压 → 开沟

　　长江中下游农区（主要包括湖北、湖南、江西、江苏、安徽、浙江等地区），气候温暖湿润，种植制度多为一年二熟制，适宜采用水稻、小麦、油菜秸秆机械翻压还田技术。

6.水田稻草机械翻压还田技术

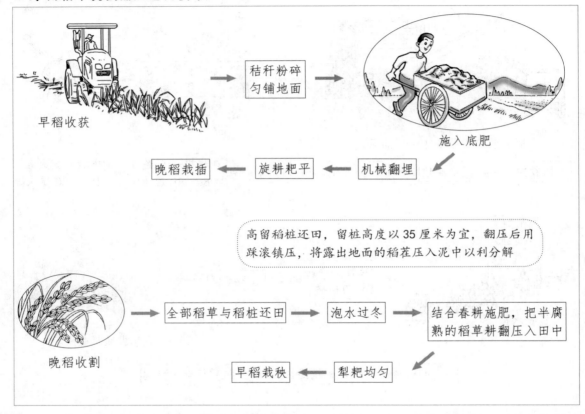

秸秆粉碎匀铺地面

早稻收获

施入底肥

晚稻栽插 ← 旋耕耙平 ← 机械翻埋

高留稻桩还田，留桩高度以35厘米为宜，翻压后用踩滚镇压，将露出地面的稻茬压入泥中以利分解

晚稻收割

全部稻草与稻桩还田 → 泡水过冬 → 结合春耕施肥，把半腐熟的稻草耕翻压入田中

早稻栽秧 ← 犁耙均匀

西南农区和华南农区（主要包括海南、广东、广西、福建、重庆、四川、云南、贵州等地区），气候温暖湿润，种植制度多为一年两熟制以及一年三熟制，宜采用水田稻草机械翻压还田技术。

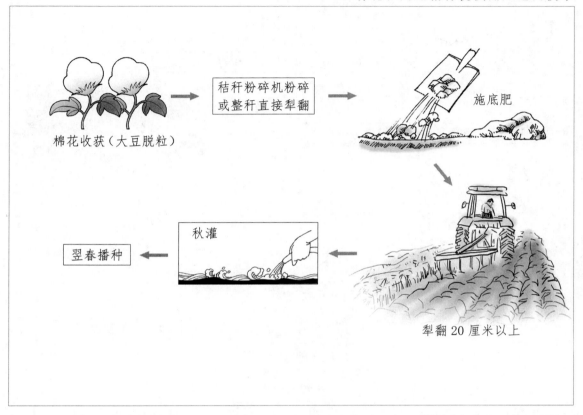

东北农区（主要包括辽宁、吉林、黑龙江及内蒙古部分地区），种植制度多为一年一熟制，适宜采用大豆秸秆机械翻压还田。西北农区（主要是新疆），低温干旱少雨，种植制度多为一年一熟制，适宜采用棉花秸秆机械翻压还田。

8. 小麦秸秆全量覆盖还田种植玉米技术

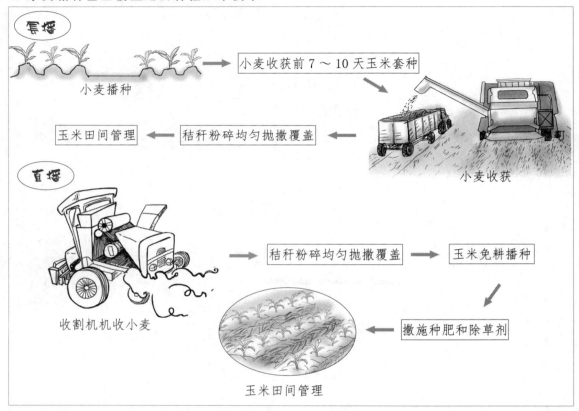

该技术适宜于华北平原一年两熟制的小麦—玉米轮作区，如河南、河北、山东、山西等部分地区。

9. 水稻秸秆全量覆盖还田种植小麦技术

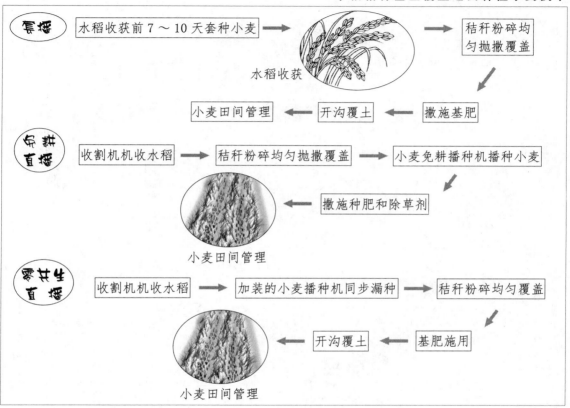

该技术适用于长江中下游一年两熟制的水稻—小麦轮作区，如江苏、安徽、湖北、四川等部分地区。

10. 油菜免耕覆盖稻草栽培技术

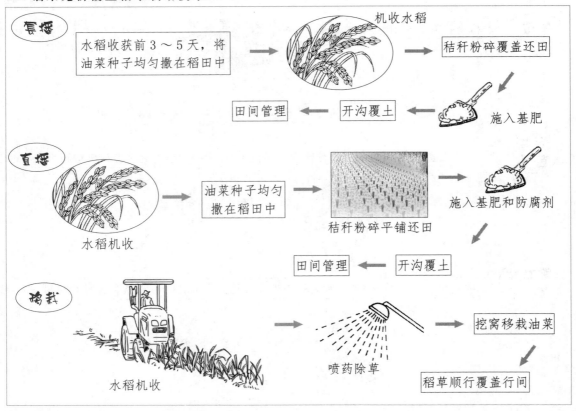

该技术适用于长江中下游一年两熟制的水稻—油菜轮作区，如江苏、安徽、湖北、四川等部分地区。

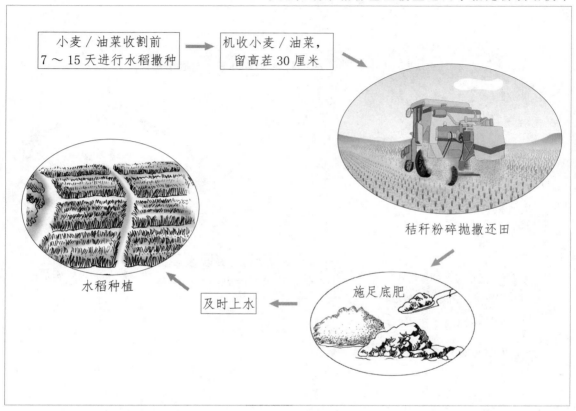

小麦／油菜收割前 7～15 天进行水稻撒种 → 机收小麦／油菜，留高茬 30 厘米

秸秆粉碎抛撒还田

施足底肥

及时上水

水稻种植

　　该技术适用于长江中下游一年两熟制的水稻—小麦轮作区、水稻—油菜轮作区，如江苏、安徽、湖北、四川等部分地区。

12. 早稻草覆盖还田免耕移栽晚稻技术

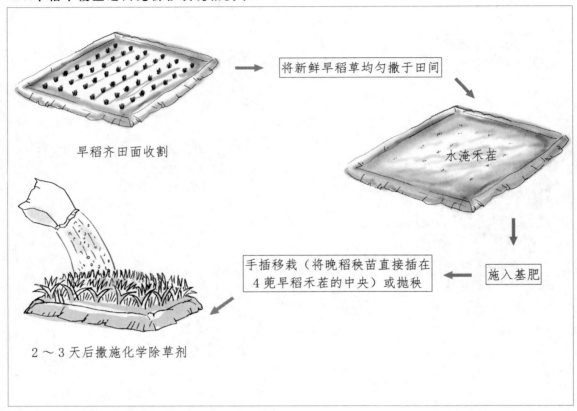

将新鲜早稻草均匀撒于田间

早稻齐田面收割

水淹禾茬

手插移栽（将晚稻秧苗直接插在4蔸早稻禾茬的中央）或抛秧

施入基肥

2～3天后撒施化学除草剂

该技术适用于南方双季稻轮作区，如江西、湖南、浙江、广东、广西等地区。

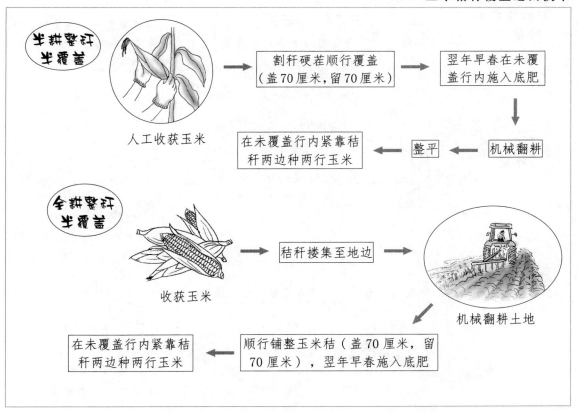

玉米秸秆覆盖还田技术可分为半耕整秆半覆盖、全耕整秆半覆盖、免耕整秆半覆盖、二元双覆盖、二元单覆盖等几种模式。

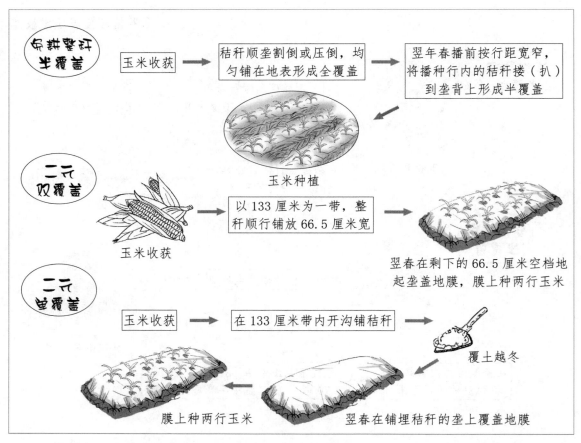

整秆覆盖半覆盖

玉米收获 → 秸秆顺垄割倒或压倒，均匀铺在地表形成全覆盖 → 翌年春播前按行距宽窄，将播种行内的秸秆搂（扒）到垄背上形成半覆盖

玉米种植

二元双覆盖

玉米收获 → 以133厘米为一带，整秆顺行铺放66.5厘米宽 → 翌春在剩下的66.5厘米空档地起垄盖地膜，膜上种两行玉米

二元单覆盖

玉米收获 → 在133厘米带内开沟铺秸秆 → 覆土越冬

膜上种两行玉米 ← 翌春在铺埋秸秆的垄上覆盖地膜

　　玉米秸秆覆盖还田技术适宜于华北北部一年一熟地区，如山西、内蒙古乃至西北干旱少雨等地区，是抗旱保苗增产的重要措施。

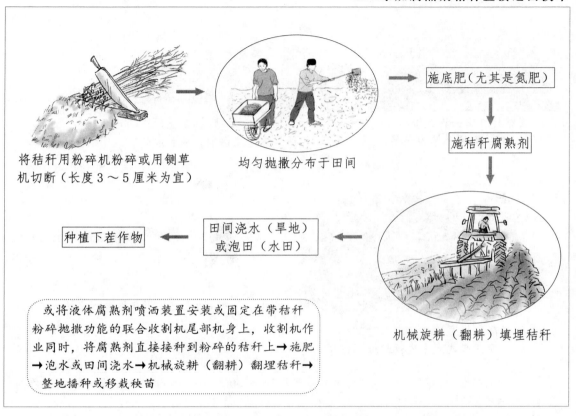

此项技术适用于大田作物秸秆产生量大、茬口紧张的两熟以上区域，不适合于干旱、土壤墒情较差的西北地区以及寒冷地区。

15. 秸秆接种腐熟剂堆腐还田技术

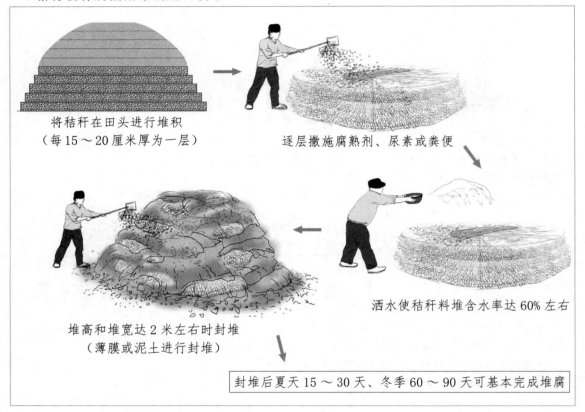

将秸秆在田头进行堆积
（每15～20厘米厚为一层）

逐层撒施腐熟剂、尿素或粪便

洒水使秸秆料堆含水率达60%左右

堆高和堆宽达2米左右时封堆
（薄膜或泥土进行封堆）

封堆后夏天15～30天、冬季60～90天可基本完成堆腐

此项技术适用于气温适宜的区域或寒冷地区的春夏季。秸秆堆腐发酵时，必须加入氮肥以调节碳氮比，同时最好混合畜禽粪便以增加物料的缓冲性能，或加入可调节秸秆堆料 pH 的碱性物，否则影响发酵效果。

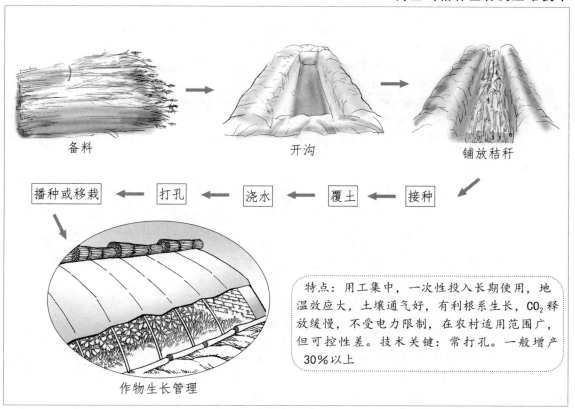

备料　　　　　　　开沟　　　　　　　铺放秸秆

播种或移栽 ← 打孔 ← 浇水 ← 覆土 ← 接种

作物生长管理

特点：用工集中，一次性投入长期使用，地温效应大，土壤通气好，有利根系生长，CO_2释放缓慢，不受电力限制，在农村适用范围广，但可控性差。技术关键：常打孔。一般增产30%以上

内置式秸秆生物反应堆技术既适用于保护地栽培，又可应用于大田农作物种植。

17.外置式秸秆生物反应堆技术

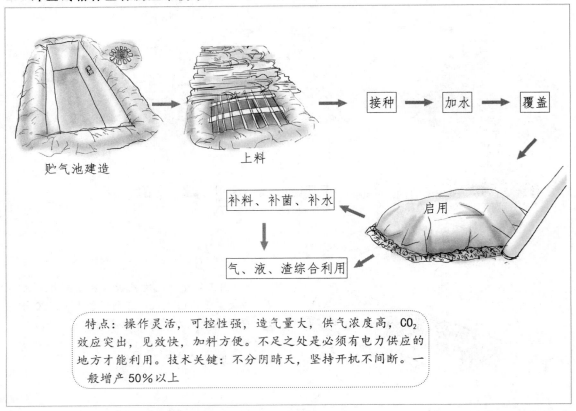

贮气池建造

上料

接种 → 加水 → 覆盖

启用

补料、补菌、补水

气、液、渣综合利用

特点：操作灵活，可控性强，造气量大，供气浓度高，CO_2 效应突出，见效快，加料方便。不足之处是必须有电力供应的地方才能利用。技术关键：不分阴晴天，坚持开机不间断。一般增产 50% 以上

外置式秸秆生物反应堆技术主要应用于温室大棚农作物种植。在一块土地上同时使用内置式和外置式的为内外结合式秸秆生物反应堆技术，兼具两者优点，标准化使用增产 1 倍以上，在秸秆丰富、有电力供应的地方，最好采用此技术。

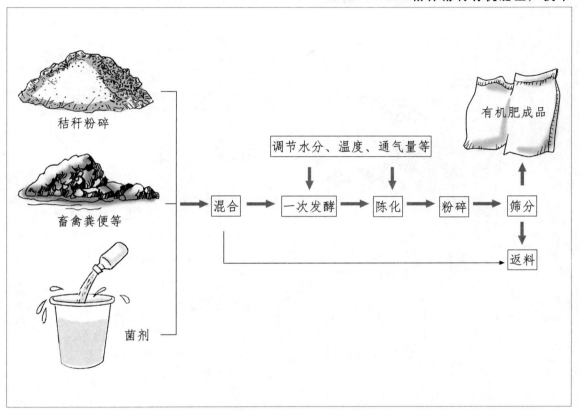

全国秸秆资源丰富的地方都可以应用秸秆有机肥生产技术。

19. 秸秆的有机—无机复混肥生产技术

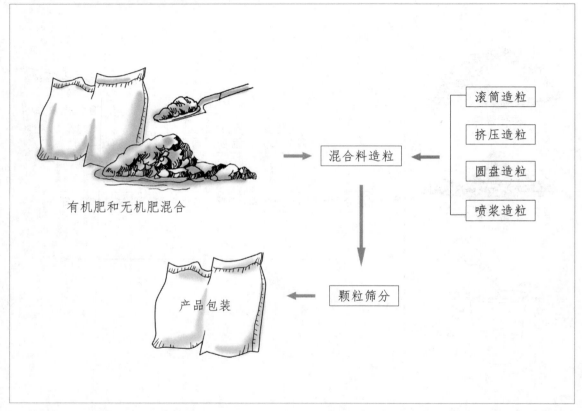

有机肥和无机肥混合

混合料造粒

滚筒造粒

挤压造粒

圆盘造粒

喷浆造粒

颗粒筛分

产品包装

　　有机—无机复混肥的生产工艺有两个阶段，一个是有机肥的生产阶段，另一个就是有机肥和无机肥的混合造粒阶段。有机肥的生产阶段与精制有机肥的生产相同，秸秆等物料也需要通过高温快速堆肥处理而成为成品有机肥。

三、秸秆饲料化利用

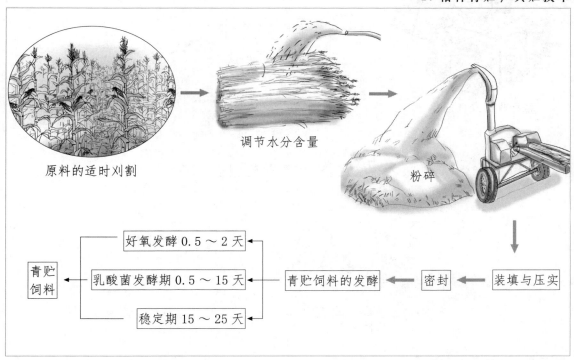

调节水分含量

原料的适时刈割

粉碎

好氧发酵 0.5～2 天

乳酸菌发酵期 0.5～15 天

稳定期 15～25 天

青贮饲料

青贮饲料的发酵

密封

装填与压实

在青贮饲料中，微生物发酵产生有用的代谢物，使青贮饲料带有芳香、酸、甜等的味道，能大大提高其适口性。秸秆青贮／黄贮技术较为成熟，经济实用，适宜各个区域。

2. 秸秆碱化／氨化技术——堆垛法

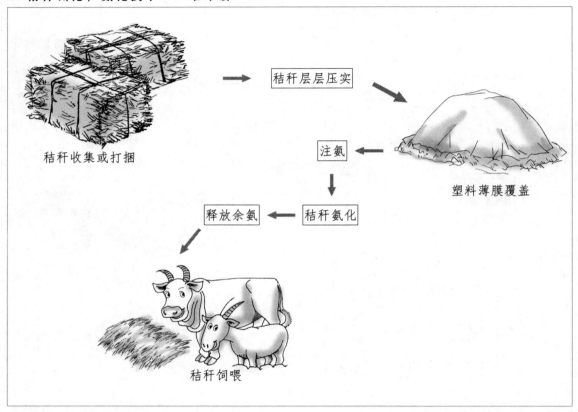

秸秆层层压实

秸秆收集或打捆

塑料薄膜覆盖

注氨

秸秆氨化

释放余氨

秸秆饲喂

　　堆垛法不需要建造基本设施，投资较少，适于大量制作，堆放与取用秸秆时方便，适于我国南方周年采用和北方气温较高的月份采用。

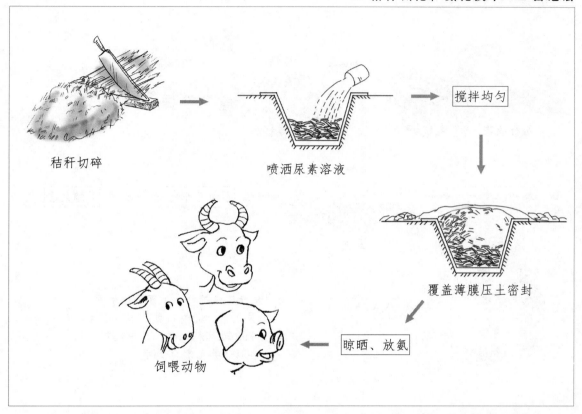

秸秆切碎　　　喷洒尿素溶液　　　搅拌均匀

覆盖薄膜压土密封

晾晒、放氨

饲喂动物

　　窑池法是我国广大农村中小规模饲养户理想的氨化法。在温度较高的黄河以南地方，多数是在地面上建池，充分利用春、夏、秋气温高，氨化速度快的有利条件。在北方较寒冷地区，夏季时间短，多利用地下或半地下窑制作氨化饲料，以便冬季利用。砖混窑池可长期使用，堆填秸秆较方便。

4.秸秆压块饲料加工技术

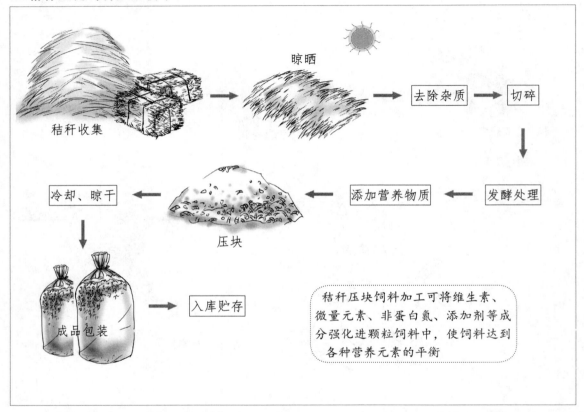

晾晒

秸秆收集 → 去除杂质 → 切碎

发酵处理 → 添加营养物质 → 压块

冷却、晾干

成品包装 → 入库贮存

秸秆压块饲料加工可将维生素、微量元素、非蛋白氮、添加剂等成分强化进颗粒饲料中，使饲料达到各种营养元素的平衡

　　全国秸秆资源丰富的地方都可应用该技术。秸秆压块饲料生产和长距离运输，可有效地调剂农区与牧区之间的饲草余缺。

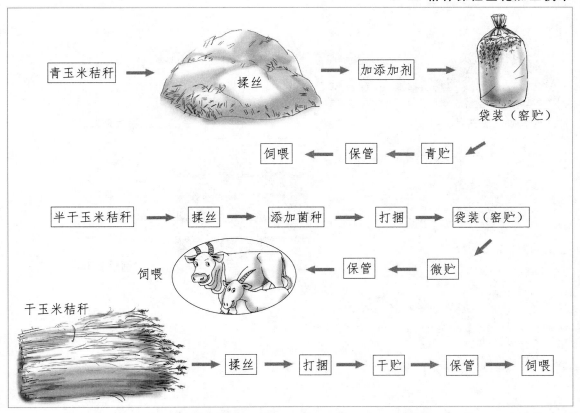

该技术适宜各个区域、任何种类秸秆的加工。经过揉搓丝化的秸秆，质地松软，不仅能提高其适口性，而且有助于牛、羊的消化吸收。

6. 秸秆微贮技术

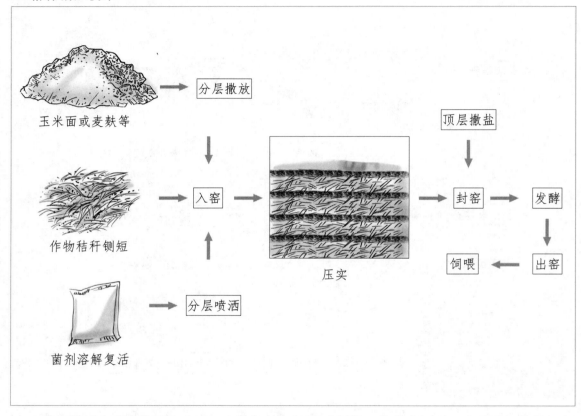

玉米面或麦麸等　　　分层撒放

顶层撒盐

作物秸秆铡短　　　入窖

压实

封窖　→　发酵

饲喂　←　出窖

菌剂溶解复活　　　分层喷洒

　　　秸秆微贮在室外气温 10 ～ 40℃的条件下都可以制作，北方春、夏、秋三季，南方一年四季都可以进行。无论是干秸秆还是青秸秆，无论是粮食作物秸秆还是经济作物秸秆，都可用于微贮饲料生产。

四、秸秆原料化利用

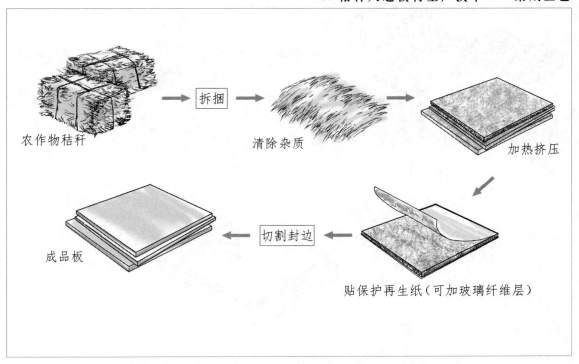

该技术适用于全国粮食主产区附近，即农作物秸秆资源量较大的区域，如河北、湖北、江苏、黑龙江、山东、四川、安徽等地。

2. 秸秆人造板材生产技术——碎料板工艺

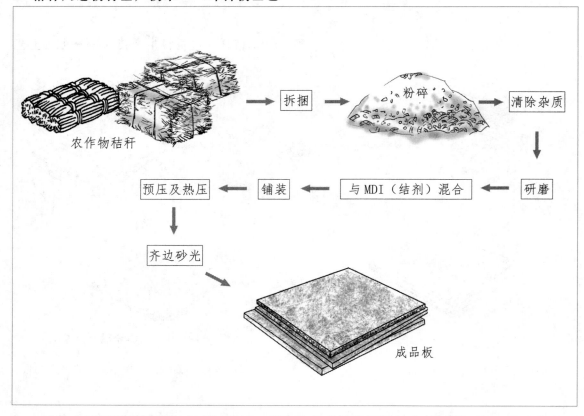

该技术适用于全国粮食主产区附近，即农作物秸秆资源量较大的区域，如河北、湖北、江苏、黑龙江、山东、四川、安徽等地。

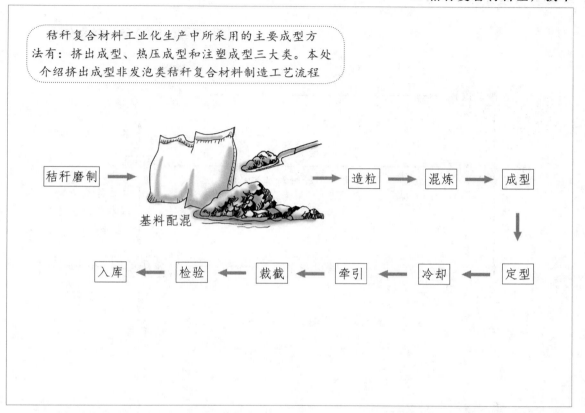

秸秆复合材料工业化生产中所采用的主要成型方法有：挤出成型、热压成型和注塑成型三大类。本处介绍挤出成型非发泡类秸秆复合材料制造工艺流程

秸秆磨制 → 基料配混 → 造粒 → 混炼 → 成型 → 定型 → 冷却 → 牵引 → 裁截 → 检验 → 入库

该技术在有秸秆纤维原料生产的地区均可采用。在秸秆复合材料生产／销售的实际中，应该按照市场化原则合理利用资源，譬如不宜在生物质能源发电的地区建厂，以免造成原料价格无理攀升。

4. 秸秆有机溶剂制浆技术

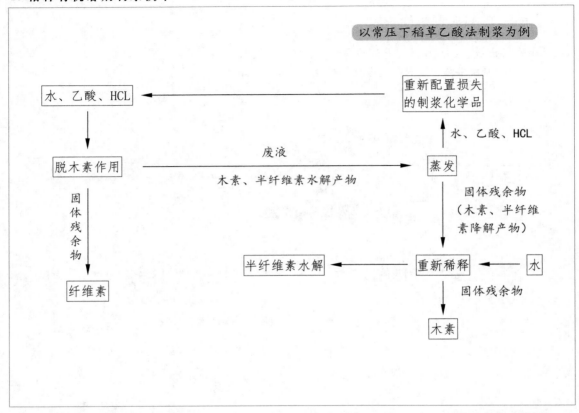

秸秆有机溶剂制浆技术是秸秆清洁制浆技术之一，是目前最好的木素、纤维素分离技术，是实现无污染或低污染"绿色环保"造纸的有效技术途径。

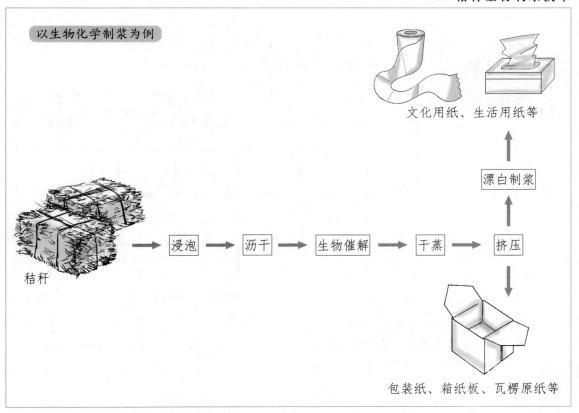

以生物化学制浆为例

文化用纸、生活用纸等

漂白制浆

秸秆 → 浸泡 → 沥干 → 生物催解 → 干蒸 → 挤压

包装纸、箱纸板、瓦楞原纸等

　　生物制浆是利用微生物所具有的**分解木素的能力**，来除去制浆原料中的木素，使植物组织与纤维彼此分离成纸浆的过程。**生物制浆**包括**生物化学**制浆和生物机械制浆。

5.DMC 清洁制浆技术

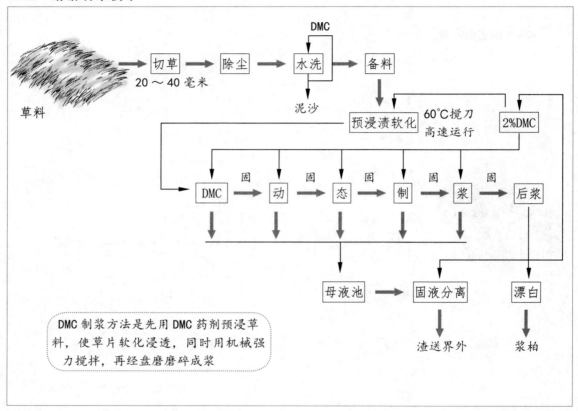

DMC 制浆方法是先用 DMC 药剂预浸草料，使草片软化浸透，同时用机械强力搅拌，再经盘磨磨碎成浆

　　DMC 清洁制浆法技术具有"三不"和"四无"的特点。"三不"：不用愁"原料"（原料适用广泛），不用碱，不用高温、高压。"四无"：无蒸煮设备，无碱回收设备，无污染物（水、汽、固）排放，无二次污染。

五、秸秆燃料化利用

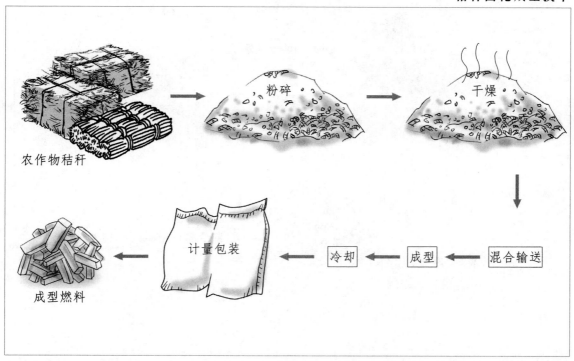

秸秆固化成型技术适用于粮食主产区或农产品加工厂附近，即农作物秸秆或农产品加工废弃物资源量大的区域。此外，也可用于林业资源丰富的区域、木材加工厂附近区域等。

2. 秸秆炭化技术

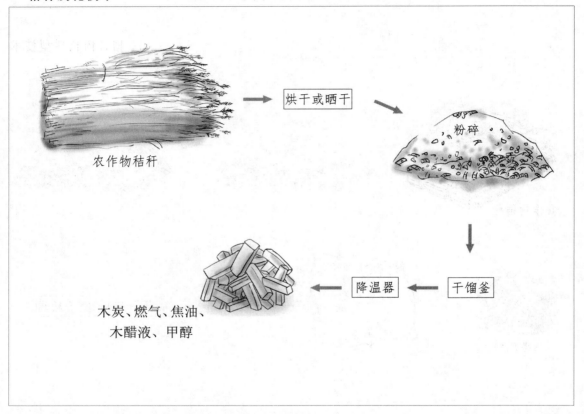

烘干或晒干

农作物秸秆

粉碎

降温器 ← 干馏釜

木炭、燃气、焦油、
木醋液、甲醇

　　该技术也称秸秆炭气油多联产技术。在利用机制设备生产秸秆炭的同时，将产生的秸秆气经过净化、调质等工艺进行回收利用，同时净化回收秸秆焦油、醋液和甲醇等副产品，由单一木炭生产变为木炭、燃气、焦油、木醋液、甲醇的联合生产。

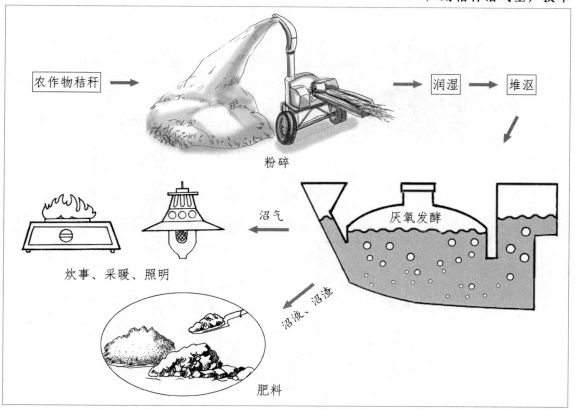

农作物秸秆 → 粉碎 → 润湿 → 堆沤

厌氧发酵

沼气

炊事、采暖、照明

沼液、沼渣

肥料

　　户用秸秆沼气生产技术适合全国各粮食产区。总的来说，北方地区以玉米秸秆和小麦秸秆为主要发酵原料，南方地区以稻草为主要发酵原料。可根据农作物秸秆的种类和特性，选择不同的发酵工艺。

4. 大中型秸秆沼气生产技术

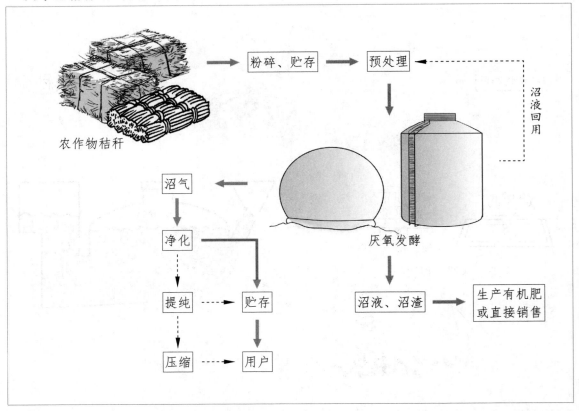

该技术适合全国广大农村地区。可根据收集的农作物秸秆种类和特性，选择适宜的发酵工艺。

六、秸秆基料化利用

1. 秸秆栽培双孢菇技术

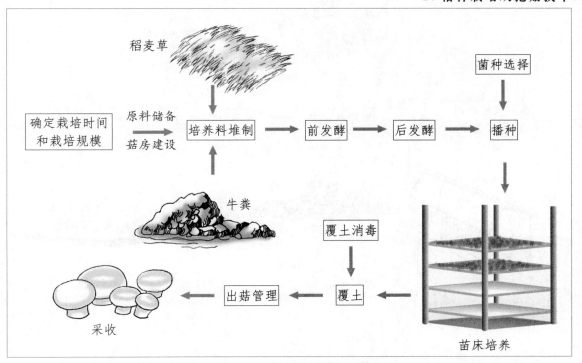

稻麦草

菌种选择

确定栽培时间和栽培规模 → 原料储备 菇房建设 → 培养料堆制 → 前发酵 → 后发酵 → 播种

牛粪

覆土消毒

采收 ← 出菇管理 ← 覆土 ← 苗床培养

在自然条件下，双孢菇生产具有一定的区域性。根据当地气候条件，通过搭建菇棚，创造适宜双孢菇生长的环境条件。

2. 秸秆栽培草菇技术

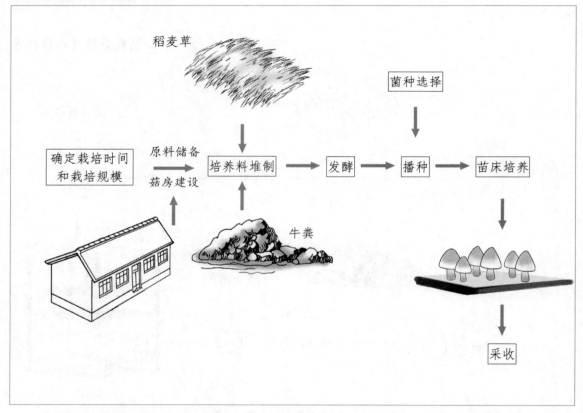

　　在自然条件下，草菇生产具有一定的区域性。根据当地气候条件，通过搭建菇棚，创造适宜草菇生长的环境条件。

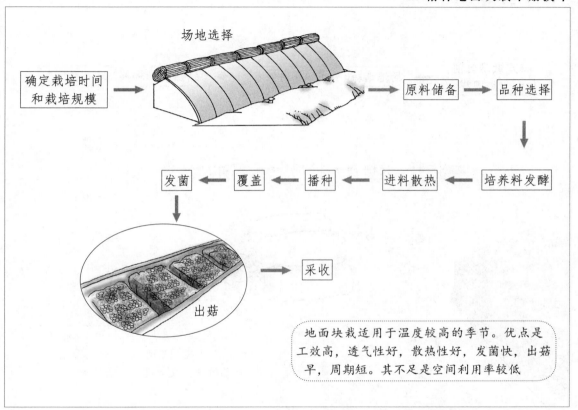

场地选择

确定栽培时间和栽培规模 → → 原料储备 → 品种选择

↓

发菌 ← 覆盖 ← 播种 ← 进料散热 ← 培养料发酵

↓

出菇 → 采收

地面块栽适用于温度较高的季节。优点是工效高，透气性好，散热性好，发菌快，出菇早，周期短。其不足是空间利用率较低

　　玉米秸、玉米芯、豆秸、棉籽壳、稻糠、花生秧、花生壳、向日葵秆等均可作为栽培平菇的培养料。

4. 秸秆墙式袋栽平菇技术

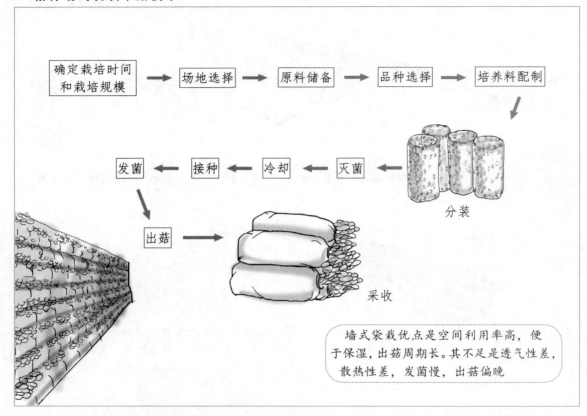

确定栽培时间和栽培规模 → 场地选择 → 原料储备 → 品种选择 → 培养料配制

发菌 ← 接种 ← 冷却 ← 灭菌

分装

出菇 →

采收

墙式袋栽优点是空间利用率高，便于保湿，出菇周期长。其不足是透气性差，散热性差，发菌慢，出菇偏晚

在自然条件下，平菇生产具有一定的区域性。根据当地气候条件和市场需求，选择不同种类和品种，通过搭建简易菇棚，创造适宜平菇生长的环境条件，已经能够在全国各地栽培。

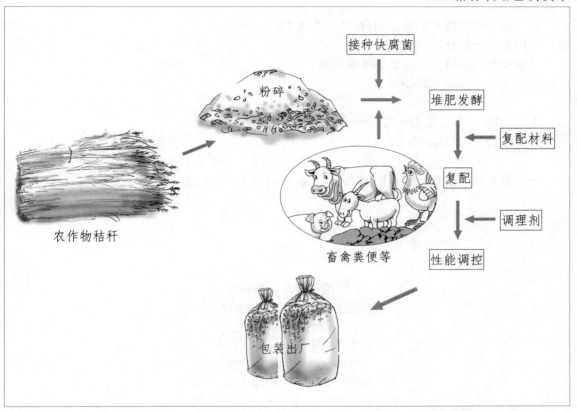

接种快腐菌

粉碎

堆肥发酵

复配材料

复配

调理剂

性能调控

农作物秸秆

畜禽粪便等

包装出厂

　　秸秆栽培基质技术适应于全国各地。因秸秆来源不同、基质用途不同，各地区在选择运用秸秆栽培基质技术时，应根据当地实际情况，因地制宜选择秸秆、堆腐工艺及配套设备、基质复配与调制所需要原料与复配方法。

图书在版编目（CIP）数据

秸秆综合利用技术手册 / 石祖梁，王飞主编 . 一北京：中国农业出版社，2017.12

（农业生态文明建设科普连环画丛书）

ISBN 978-7-109-23769-8

Ⅰ . ①秸… Ⅱ . ①石…②王… Ⅲ . ①秸秆－综合利用－普及读物 Ⅳ . ① S38-49

中国版本图书馆 CIP 数据核字（2017）第 316445 号

中国农业出版社出版

（北京市朝阳区麦子店街18号楼）

（邮政编码 100125）

责任编辑　张德君　司雪飞

北京印刷一厂印刷　　新华书店北京发行所发行
2017年12月第1版　　2017年12月北京第1次印刷

开本：787mm×1092mm　1/24　印张：2
字数：60千字
定价：12.00元
（凡本版图书出现印刷、装订错误，请向出版社发行部调换）